U0108540

給孩子的第一本

聖經故事

戴安娜・梅奥 圖
占士・夏里遜 著

新雅文化事業有限公司
www.sunya.com.hk

DK Penguin Random House

給孩子的第一本聖經故事

作　　者：占士．夏里遜 (James Harrison)
繪　　圖：戴安娜．梅奧 (Diana Mayo)
翻　　譯：王燕參
責任編輯：趙慧雅
美術設計：陳雅琳
出　　版：新雅文化事業有限公司
香港英皇道499號北角工業大廈18樓
電話：（852）2138 7998
傳真：（852）2597 4003
網址：http://www.sunya.com.hk
電郵：marketing@sunya.com.hk

發　　行：香港聯合書刊物流有限公司
香港荃灣德士古道220-248號荃灣工業中心16樓
電話：（852）2150 2100　傳真：（852）2407 3062
電郵：info@suplogistics.com.hk
版　　次：二〇一九年七月初版
二〇二二年十一月第三次印刷

ISBN: 978-962-08-7262-4
Original title *"My Very First BIBLE"*

18/F, North Point Industrial Building, 499 King's Road, Hong Kong
Published in Hong Kong, China
Printed in China

For the curious
www.dk.com

目錄

舊約

新約

舊約

神創造世界

在一開始的時候，這世界什麼都沒有——什麼都看不見、聽不到、摸不着，四周一片黑暗，又冷又空虛。

神說：「要有光。」

一道耀眼的光芒就充滿了黑暗。

接着神創造了地、海和天空。

「起初，神創造了宇宙。」
創世記第一章

神讓大地迸發出各種有種子的植物和香氣撲鼻的花朵來，它們發芽、生長、開花，到處生機勃勃。

神還造了太陽照耀白天，造了月亮照亮夜晚。

神使他所造的世界遍滿了各種活物，牠們一邊追逐，一邊發出各種不同的叫聲，咕嚕咕嚕、吼吼、嗷嗚……十分熱鬧。

你能說出多少種動物的名稱？

最後，神造了男人和女人，與他一起分享這個美好的世界，並且代他好好地管理它。

六日以後，神已經造好了世界和世界上的一切。所以，在第七日，神就休息了。

伊甸園

神造的第一個男人叫做亞當，第一個女人叫做夏娃。神愛他們。

神讓他們住在一個美麗的花園裏，叫做伊甸園。在那裏，他們可以享受神所造的一切。

「你們喜歡什麼就吃什麼，除了這棵樹上的果子以外，」神指着花園中央的一棵樹對他們說，「它對你們沒有益處。」

亞當和夏娃都同意了。

有一陣子，一切看來都很美好……

有一天，一條鬼鬼祟祟的蛇向夏娃滑行過來。

「你為什麼不吃那果子？」牠嘶嘶地說，「它很美味呢！」

「神告訴我們不能吃。」夏娃說。

「那是因為他知道，如果你們吃了它，就跟他一樣聰明。」那條蛇說。

那些果子看起來的確很美味，所以夏娃就摘下來咬了一大口，然後她給亞當，亞當也吃了。

亞當和夏娃吃完那果子後不久，就感到很害怕。他們想要躲避神，神卻找到了他們。

「是夏娃的錯。」亞當大聲說。

「是蛇的錯。」夏娃抽泣着說。

「不要責怪我。」蛇一邊嘶嘶地說，一邊滑走。

因為他們違背了承諾，所以神很生氣，於是把他們趕出了伊甸園。

「女人見那棵樹是多麼的美麗，而且它的果子是多麼的好吃。」

創世記第三章

挪亞方舟

神感到很傷心，因為他所創造的美麗世界充滿了邪惡的人。因此，他決定用洪水來毀滅一切。

只有挪亞和他的家人是例外。他們是世界上唯一留下的好人。

神告訴挪亞造一隻巨大的方舟，要有足夠的空間可以容納挪亞和他的家人，還有每一種活物，一公一母。「別忘了帶上大量的食物。」神囑咐說。

天色變得又黑又陰沉。

於是，挪亞帶領動物們一對一對有秩序地進入方舟，從高高瘦瘦的長頸鹿到脾氣暴躁的老虎，從圓圓胖胖的企鵝到小小的蜘蛛，全部都進了方舟。

接着，天下起了大雨。

這場雨並不是滴滴答答地降下，而是傾盆而下，最後變成了可怕的大洪水。

大雨還伴隨着震耳欲聾的雷聲和耀眼的白光閃電。雨勢非常浩大，連山嶺也被淹沒了。除了擠在挪亞那隻不透水的船上的動物以外，沒有一物可以存活下來。

「挪亞和他的家人，還有動物和小鳥都進入方舟，躲避洪水。」

創世記第七章

最後，雨停了。

海浪越來越小，太陽從雲彩後面透出光來。

挪亞不確定是否還有其他東西存活下來，於是放出一隻烏鴉，去尋找乾旱的地，但是烏鴉飛回來時嘴裏空空的。

然後挪亞又放出一隻鴿子，這次鴿子嘴裏叼着一枚橄欖葉子飛回來了。這說明牠找到陸地了。

你能把動物一對一對的找出來嗎？

終於平安地回到堅實的地上了，動物們紛紛從方舟裏走出來。

神造了一道耀眼的彩虹掛在天空中，以表達他對所有活物的愛。

亞伯拉罕

神告訴亞伯拉罕去一個新的地方。

「收拾你一切所有的，往我指示你的地方去，我必使你成為大族的父。」

於是亞伯拉罕帶着他的妻子撒拉和他的動物羣往新的地方去了。

一天晚上，亞伯拉罕抬頭看着天上閃爍的星星，一閃一閃的，好像在眨着眼睛一樣。

神說：「亞伯拉罕，你的家族要好像天上的星星一樣 —— 多得你數不過來。」

亞伯拉罕和撒拉心裏想，他們年紀太大了，不可能生孩子了。

但神信守他的承諾，讓他們生了一個兒子，取名叫以撒。

「你向天觀看，數點眾星；你的後裔將要像天上的星星那麼多。」

創世記第十五章

約瑟和他的彩衣

以撒的兒子雅各有十二個兒子。約瑟是雅各最愛的一個。有一天，雅各送給約瑟一件全新的外衣。那外衣色彩奪目，就像彩虹一樣。站在一旁的哥哥們的外衣，看起來卻又破舊，顏色又單調。他們就恨約瑟。

彩衣上有多少種不同的顏色？

哥哥們在牧放他們父親的羊羣。羊羣在一邊咩咩叫的時候，他們卻秘密計劃要除掉約瑟。

剛好有一羣騎着駱駝的商旅從這裏經過。

這些商人帶着香氣撲鼻的香水和異國的香料正要往埃及去。「不如我們把約瑟當作奴隸賣掉。」其中一個哥哥建議道。於是他們脫掉約瑟的彩衣，然後把他賣給那些商人。

「我們只管說是野獸把他殺死了。」於是他們把約瑟撕破的彩衣染了動物的血，然後告訴他們的父親約瑟死了。

約瑟在埃及

約瑟被賣到埃及當奴隸。他工作很勤勞，所以他的主人很喜歡他。

可是後來有人說謊陷害約瑟，他被關進了監獄。在那裏他遇見了埃及王的膳長和酒政。

「昨天晚上，我夢見我把三串葡萄的汁擠進埃及王的杯裏，」酒政說，「這是什麼意思呢？」

「三天之內，埃及王將會恢復你的職位。」約瑟說。

接着，膳長也把他的夢告訴約瑟。

「我帶着三籃麪包給埃及王，隨後有飛鳥俯衝下來啄食它們。」

「很抱歉，」約瑟說，「三天之內，埃及王將會把你處死。」

約瑟所說的一切都必發生。

「一切就如約瑟所說的發生了。」
創世記第四十章

埃及王做了兩個夢，心裏很不安。

「我夢見七隻肥壯的母牛在河邊吃草，隨後有七隻瘦小的母牛把牠們吃掉了。」埃及王說。

「在第二個夢裏，我看見田裏長出了七棵豐滿的粟米穗，隨後又長出七棵枯萎的粟米把它們吞掉了。」

埃及王召來了所有博士和術士替他解夢，但沒有人能告訴他這兩個夢的意思。這時候，酒政想起了約瑟。

「兩個夢的意思是一樣的，」約瑟告訴埃及王，「這地將會有七個豐年，隨後又有七個荒年。」

「要在豐年時把糧食積蓄起來，這樣百姓就有糧食可以渡過荒年了。」埃及王對約瑟感到很滿意，於是派他治理埃及全地。

當時饑荒遍滿天下。約瑟的父親差遣他的兒子們到埃及去買些食物回來。

約瑟的哥哥們認不出他來。

「你們不認識你們自己的兄弟嗎？」約瑟問。

他的哥哥們很驚慌，但約瑟饒恕了他們，並告訴他們把父親帶到埃及來。

雅各看到約瑟時，開心得哭了起來。

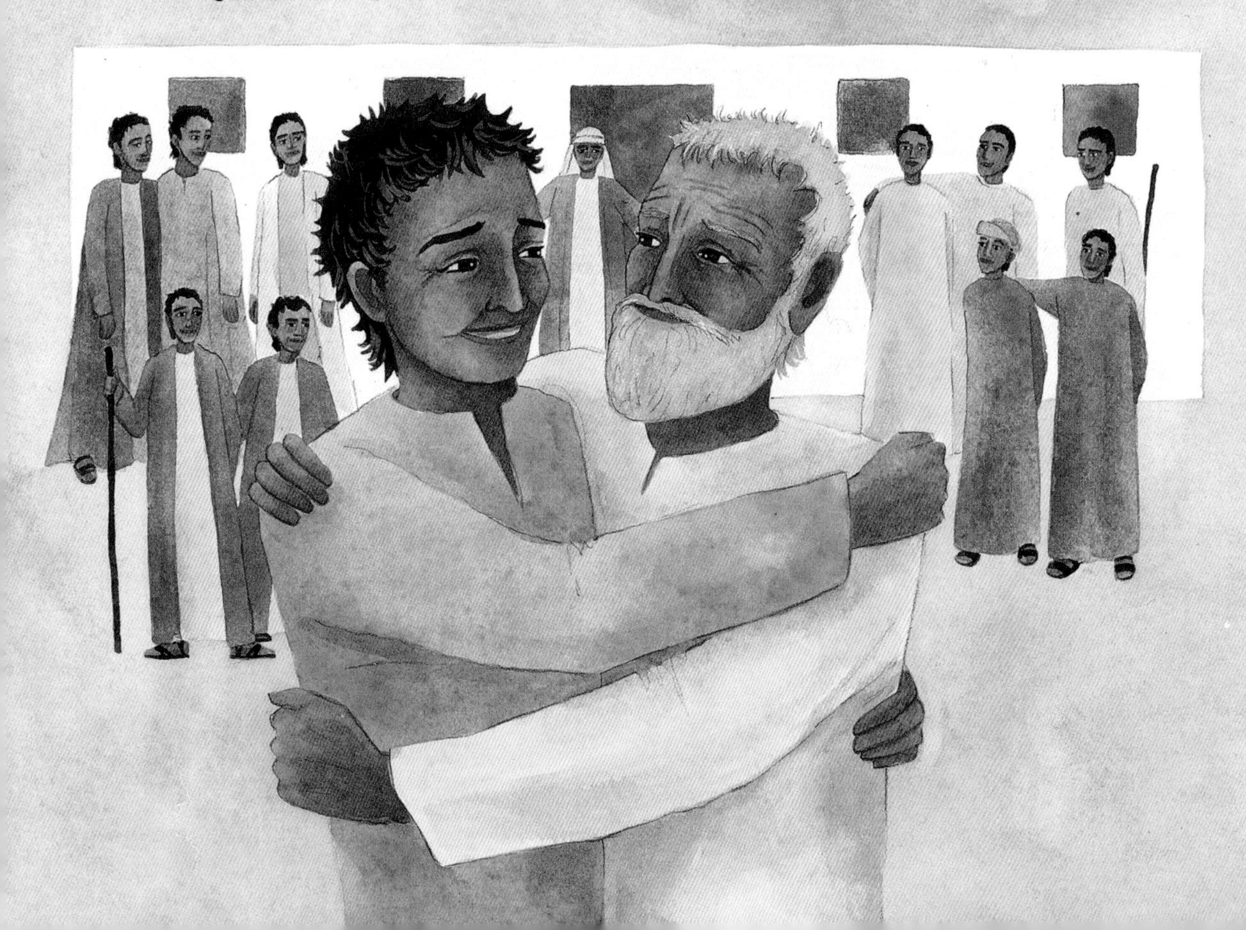

小嬰孩摩西

約瑟在埃及死了。他的人民——希伯來人——在那地的數量越來越多。新的埃及王不認識約瑟。他把希伯來人當作奴隸。希伯來人的數量不斷增加，埃及王感到受到了威脅。「把他們所有的男嬰殺掉。」他命令說。

有一個母親想了一個方法救她的嬰孩。她用河邊的蘆葦草做了一個籃子，然後她把嬰孩放在裏面，讓籃子可以像小船一樣，漂在水上；接着她把籃子藏在高高的蘆葦叢中。

她的女兒米利暗裏一直看着。

不久，埃及王的女兒來到河邊洗澡。她發現了嬰孩，就把他帶回皇宮去。埃及王的女兒給嬰孩取名叫摩西，並把他當作自己的兒子般養大他。

燃燒的荊棘

摩西在皇宮裏長大，可是他一點也不開心，因為他的人民——希伯來人——在埃及當奴隸。他逃離了皇宮，到另外一個地方去牧羊。

有一天，摩西正在牧羊，看見旁邊的一堆荊棘忽然燃燒起來，火光熊熊地燒着，卻沒有一片葉子被燒毀。

神對摩西說：「去告訴埃及王釋放我的子民。你要帶領他們到一個新的地方去。」

十災

摩西回到埃及，求埃及王放走希伯來人。埃及王卻不容許他們離開。於是神在埃及降下了十災：

尼羅河的水全部變成了血。

埃及全地遍滿了黏糊糊的青蛙……

煩人的虱子，嗡嗡地到處飛，而且會叮人……

骯髒的蒼蠅……

大量的牲畜屍體……

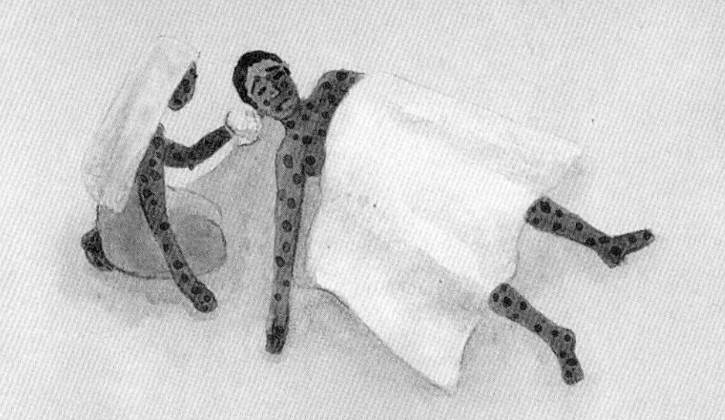

還有人的皮膚上忽然長出起泡的瘡來。

然後，又有巨型的冰雹從天上降下來……

成羣的蝗蟲飛來吞吃一切……

以及可怕的黑暗之災降臨了。

最後，也是最嚴重的一災，就是所有的長子都死了。

埃及王屈服了，他叫希伯來人離開埃及。

「你去見埃及王，對他說，神這樣說：『讓我的百姓離開這裏，使他們可以事奉我。』」

出埃及記第八章

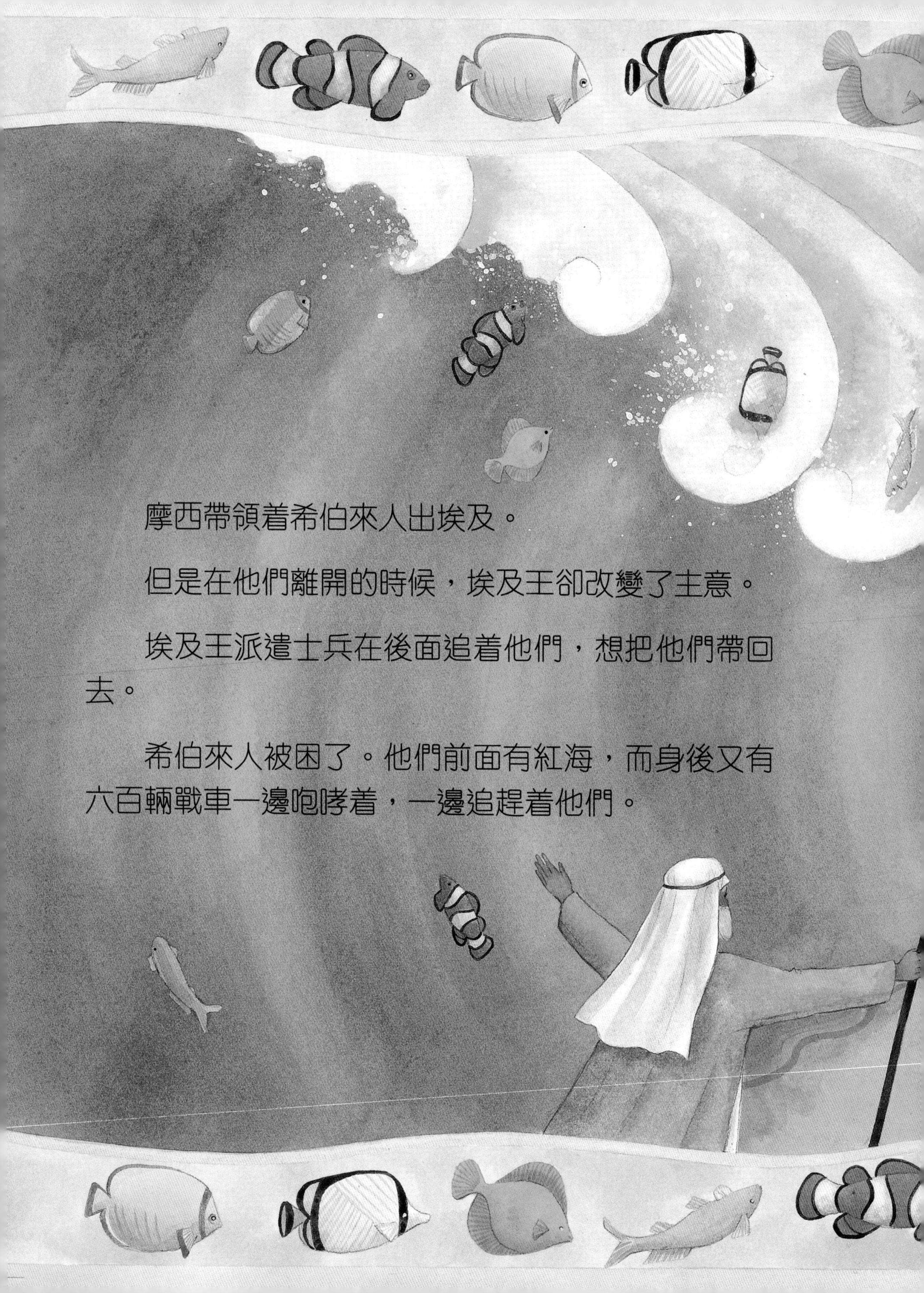

摩西帶領着希伯來人出埃及。

但是在他們離開的時候，埃及王卻改變了主意。

埃及王派遣士兵在後面追着他們，想把他們帶回去。

希伯來人被困了。他們前面有紅海，而身後又有六百輛戰車一邊咆哮着，一邊追趕着他們。

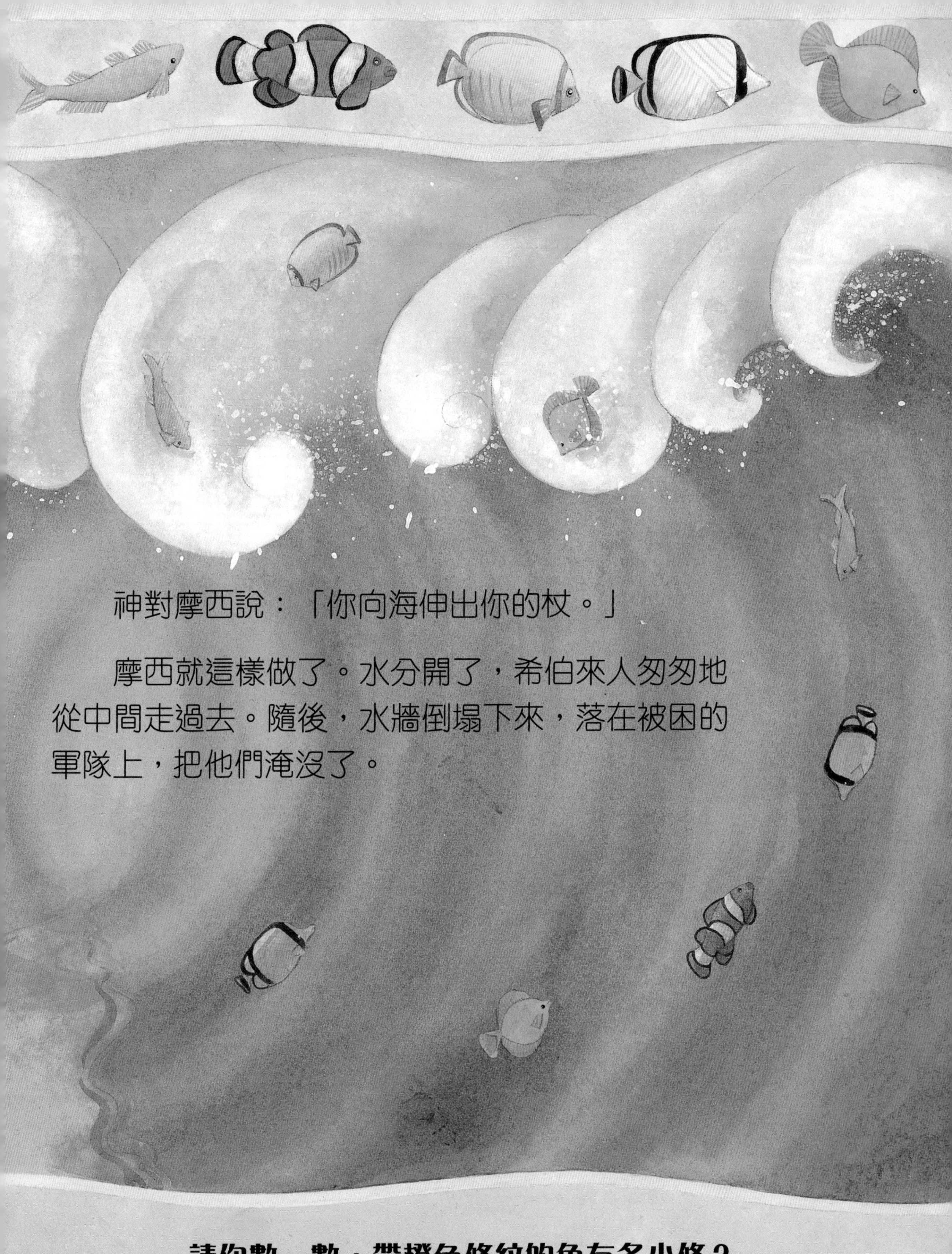

神對摩西說：「你向海伸出你的杖。」

摩西就這樣做了。水分開了，希伯來人匆匆地從中間走過去。隨後，水牆倒塌下來，落在被困的軍隊上，把他們淹沒了。

請你數一數，帶橙色條紋的魚有多少條？

十誡

摩西和希伯來人來到西乃山。當摩西上山頂與神說話時，百姓就站在山下看着。

忽然，一大團黑煙和火籠罩着西乃山，還有閃電和轟隆隆的雷聲響徹四周。百姓都害怕得顫抖起來。

摩西從山上下來時，手裏拿着兩塊法版。

摩西把法版向百姓舉起來，說：「神已經為我們寫下了他的律法。」

於是百姓都同意按照神所頒布的十誡過生活。

參孫和大利拉

希伯來人在以色列定居，但他們的困苦還沒有結束。有一個叫非利士的兇惡部族想把他們從那地趕出去。

參孫是希伯來人中最強壯的人。他的力量是從神而來的。

有一天，非利士人來拜訪參孫的朋友大利拉。

「如果你能查出參孫的力量的秘密，我們可以讓你變得非常富有。」他們說。大利拉就想盡各種方法去找答案。

她日復一日不斷地嘮叨着。最後，參孫覺得已經受夠了，於是他說：「如果我的頭髮被剪掉了，我就會失去力量。」

大利拉向非利士人出賣了參孫。他們就趁參孫睡覺的時候，把他的頭髮剪掉了。

他們把參孫帶到他們的廟裏，所有的非利士人都來嘲笑他。

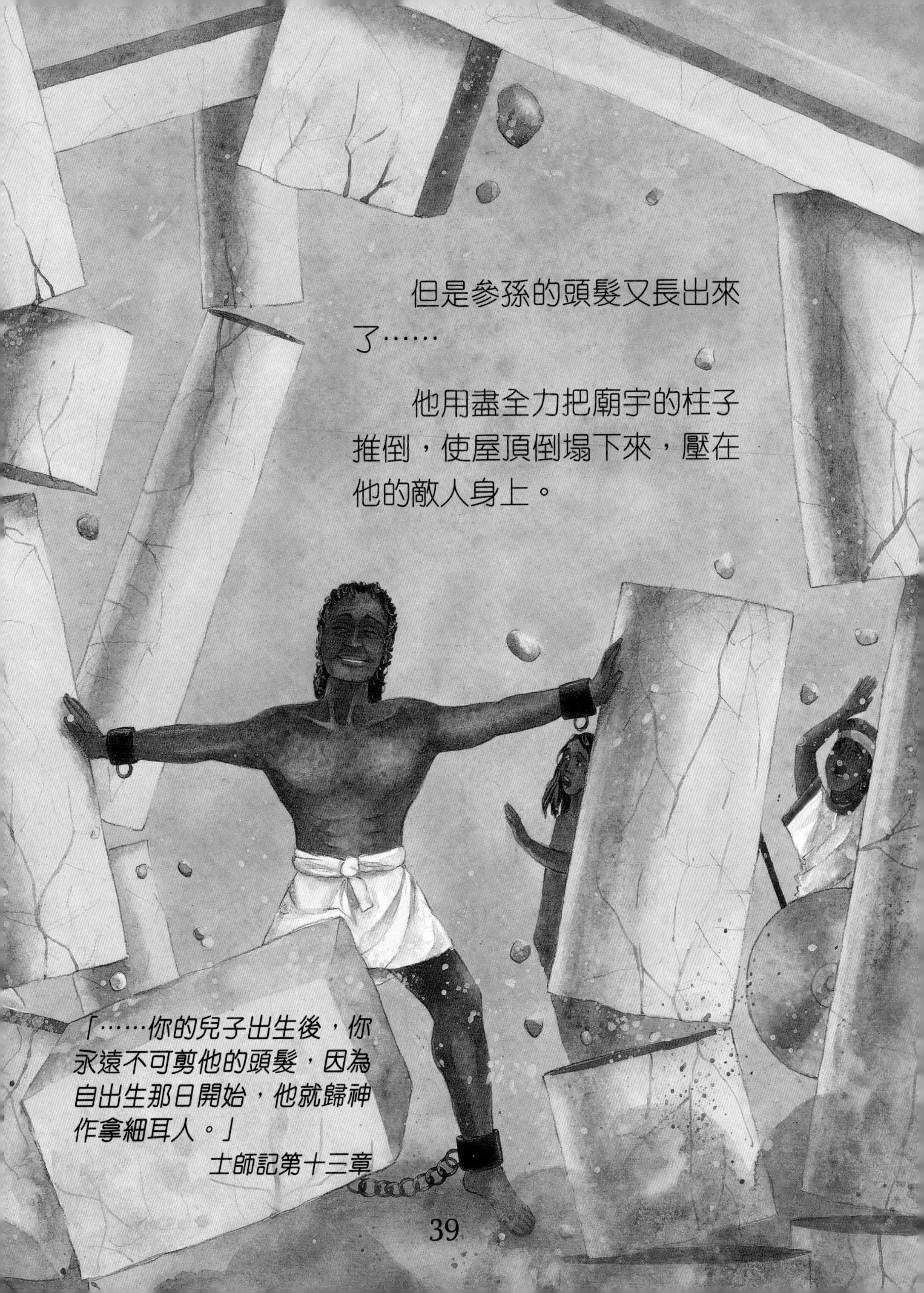

但是參孫的頭髮又長出來了……

他用盡全力把廟宇的柱子推倒，使屋頂倒塌下來，壓在他的敵人身上。

「……你的兒子出生後，你永遠不可剪他的頭髮，因為自出生那日開始，他就歸神作拿細耳人。」

士師記第十三章

大衛和歌利亞

以色列的第一位國王——掃羅——遇到了麻煩。

非利士營中有一個叫歌利亞的新戰士，他是個可怕的巨人。

沒有人有勇氣跟他戰鬥。於是一個名叫大衛的牧童大聲說道：「我們有神同在，你們為什麼還這樣害怕呢？讓我來與那個巨人戰鬥吧。」

大衛撿起一些石頭，然後拿出他牧羊時用的投石器。

當歌利亞看到他的對手時，他大笑起來。

大衛把投石器高高舉起來，然後把石頭向着巨人甩出去。

「神曾救我脫離獅子和熊的爪，也必救我脫離這非利士人的手。」

撒母耳記上第十七章

石頭打中了歌利亞兩眼正中的位置。於是歌利亞倒地死了。

這個小牧童後來成為了以色列的下一任國王。

約拿和大魚

尼尼微城是一個充滿罪惡的大城市。

神吩咐約拿往尼尼微城去，告訴那裏的人民要悔改。但約拿不想去。

他上了一艘船，往另外一個地方去。那天晚上，神使海上忽然颳起暴風雨。

電光閃個不停，還伴隨着咆哮的雷聲；翻滾的海浪不斷地沖擊着小船。

「我們都快要淹死了。」被嚇壞了的水手們說。

「這是我的錯。」約拿說，「把我拋進海中，暴風雨就會停止。」

於是約拿被拋進了海裏，濺起了水花。
他像石頭一樣沉沒了。

往下沉……往下沉……越來越深……

突然有一條大魚游過來，
把他整個人吞掉了。

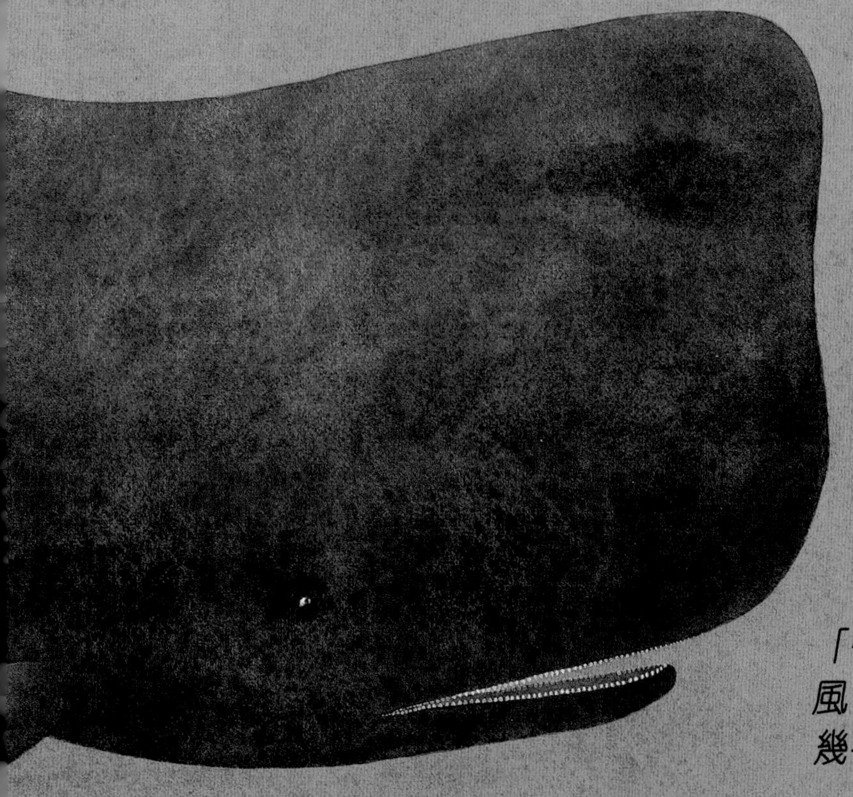

「但是神在海上忽然颳起大風，於是海中狂風大作，船幾乎要破裂了。」
約拿書第一章

約拿發現自己在大魚的腹中。他三日三夜向神禱告。「再給我一次機會，我保證我會去尼尼微城。」

於是，大魚游到岸邊，把約拿吐出來。他平安地回到地上，然後出發往尼尼微城去。

你在上圖中找到哪些圖形？

但以理和獅子

巴比倫的國王派出軍隊打敗了以色列。很多以色列人被俘虜了，但以理是其中的一個。

但以理被安排在皇宮裏工作。他十分聰明，很快就成為了國王最喜愛的人。這使國王的大臣們十分妒忌他。

他們設了一個詭計謀害但以理。他們知道但以理會向神禱告，於是他們制定一條新法例——人只可以單單向國王禱告。可是但以理繼續向神禱告。所以他們把他扔進獅子坑裏。

整個晚上，獅子們咆哮着露出利爪，想吞吃一切……但什麼也沒做到。

第二天早上，國王看到但以理沒有損傷，高興極了。

「你的神拯救了你。」他說。

然後他下令把但以理的敵人扔進獅子坑裏。

獅子們就把他們撕碎了。

「神差遣了他的使者封住獅子的口，使牠們沒有傷害我。」

但以理書第六章

新約

耶穌的降生

天使加百列向馬利亞顯現。「神已經揀選了你成為他兒子的母親。你要給他起名叫耶穌。」天使說。

在這個時候，以色列被羅馬統治着。羅馬政府正在進行一次大規模的人口統計，所以馬利亞和她的丈夫——約瑟——必須到伯利恆去。他們到了伯利恆的時候，馬利亞感到很累。她的寶寶快要出生了。

可是小鎮裏擠滿了人，他們找不到可以留宿的地方。

「你將要生一個兒子，你要給他起名叫耶穌。」

路加福音第一章

最後，一個旅店老闆很同情他們，於是讓他們睡在馬廄裏。

在附近的野地裏，一些牧羊人正看守着他們的羊羣。忽然，一大隊閃閃發亮的天使合唱團出現在天空中。牧羊人非常害怕。

「不要怕，我們要報給你們大喜的信息，」天使們說，「神的兒子剛剛降生了。」

天使們告訴牧羊人去敬拜那位新生的國王。牧羊人在一個卑微的馬廄裏看到了小嬰孩耶穌，卧在馬槽裏。

每種動物的叫聲是怎樣的？

博士朝拜

在很遠很遠的地方，幾個博士看見天上有一顆明亮的星星在閃耀着。「這個是『猶太人的王』降生的標誌。」他們說。

於是，他們來到耶路撒冷希律王的宮殿，問：「那個新生的國王在哪裏？我們特意來朝拜他。」

希律王非常生氣。「我就是以色列的王。」他自言自語道，但是他向博士們隱藏了他的怒氣，「你們去尋訪這位國王，我也要去朝拜他。」

那顆星引領他們來到伯利恆，在那裏他們看到了耶穌和馬利亞在一起。他們就拿出閃閃發光的黃金、香氣撲鼻的乳香和有舒緩作用的沒藥作為禮物獻給他。

「……在路上他們看到了他們在東方看見的那顆星……它在他們的前頭走，一直走到那小孩所在的地方，就在上頭停住了。」

馬太福音第二章

然後他們走另外一條路回家去了，因為神曾在夢中警告他們，不要回到希律王那裏去。

治好癱子

耶穌長大後，他可以做奇妙的事，例如醫治病人，所以無論他去到哪裏，都有很多人跟着他。

一天，有四個人用擔架把他們的朋友抬到一個房子前，耶穌正在裏面。原來他們的朋友的腿癱瘓了。但是房子裏擠滿了人。他們根本沒有辦法進門去。於是他們爬到房頂上，把房頂拆了一個洞，然後把他們的朋友從洞口放下去。

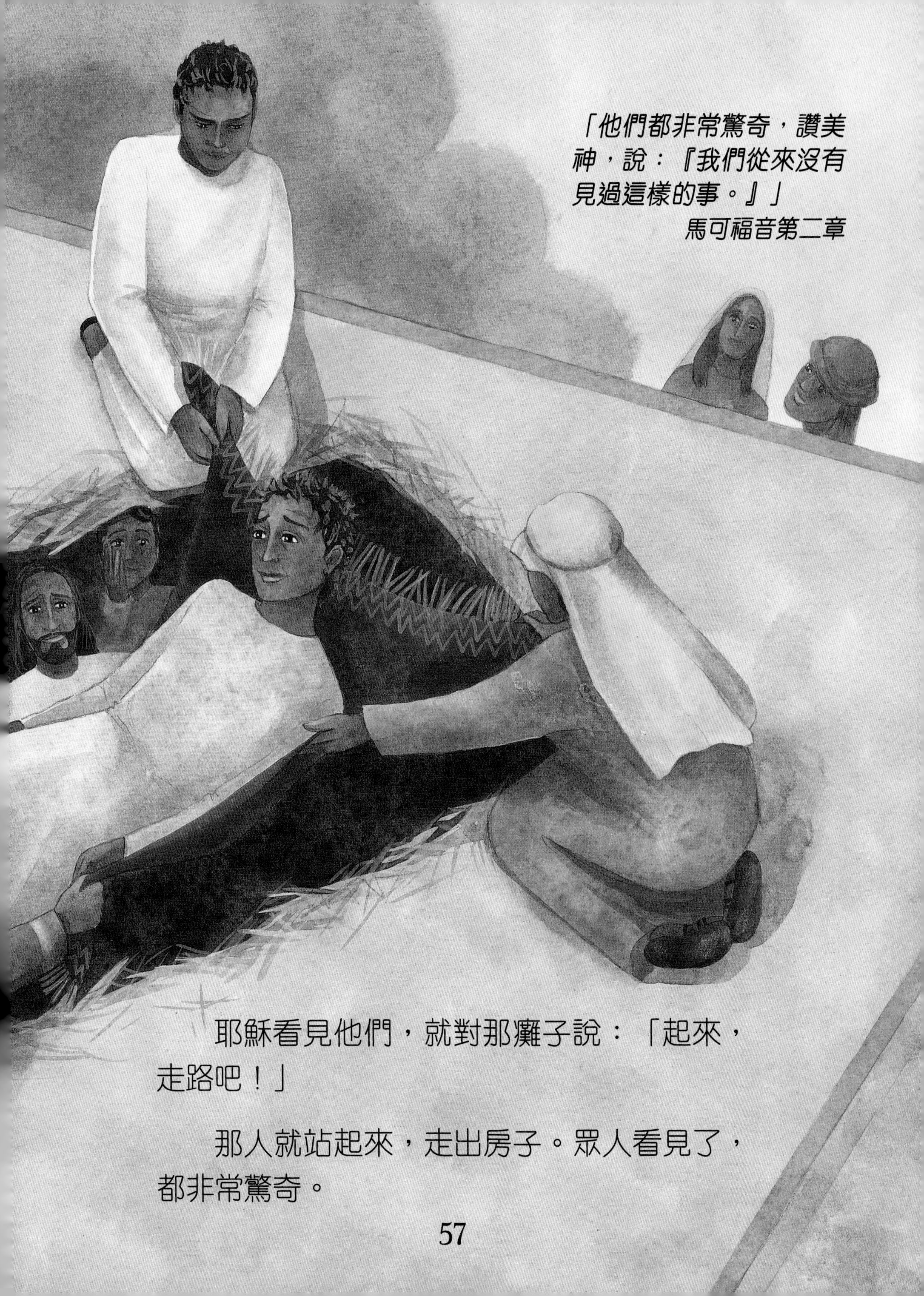

「他們都非常驚奇，讚美神，說：『我們從來沒有見過這樣的事。』」
馬可福音第二章

耶穌看見他們，就對那癱子說：「起來，走路吧！」

那人就站起來，走出房子。眾人看見了，都非常驚奇。

五餅二魚

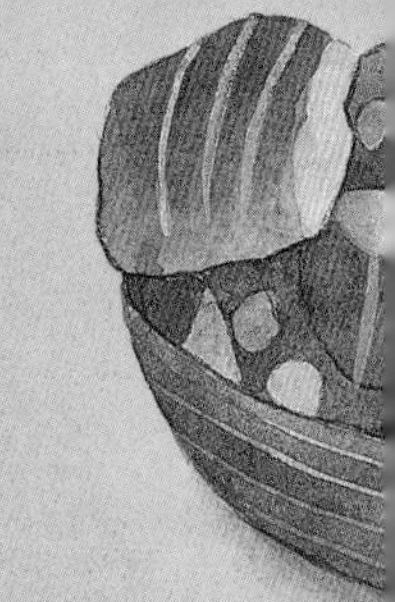

耶穌挑選了十二個信徒來幫助他。他們被稱為門徒。

耶穌和他的門徒坐在加利利海邊。一大羣人來到這裏聚集要聽他講道。

過了一會兒，他們感到肚子餓了，但沒有什麼可吃的。

門徒看看四周，卻只能找到五個餅和兩條小魚。

「我們怎能用這些食物來餵飽五千人呢？」門徒問耶穌。

耶穌把食物祝福完畢，就開始把它分給眾人吃。

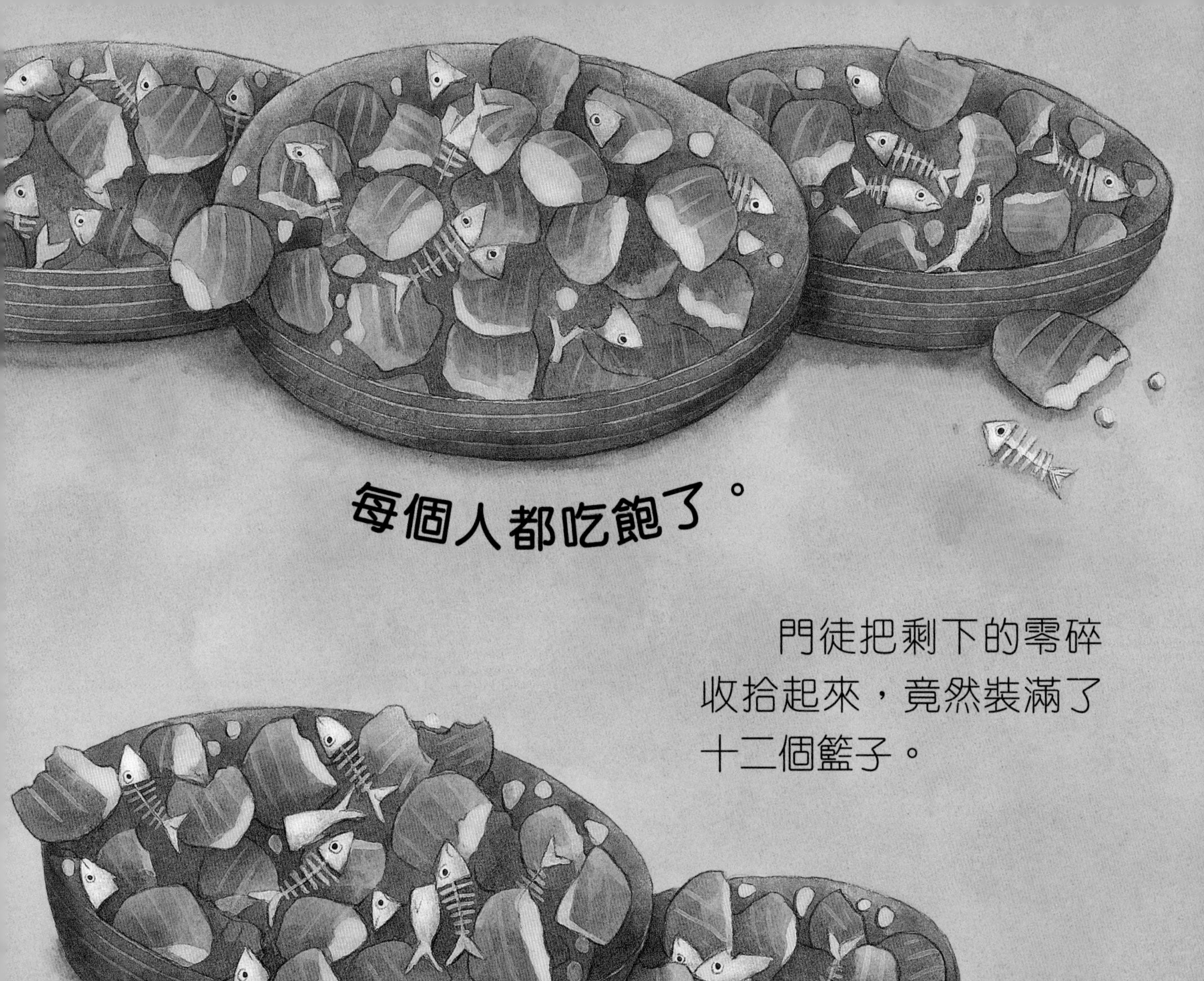

每個人都吃飽了。

門徒把剩下的零碎收拾起來，竟然裝滿了十二個籃子。

「……他們都按各自的需要吃飽了。」
約翰福音第六章

好撒馬利亞人

耶穌喜歡用講故事的方式來解釋對與錯之間的差異。這些故事被稱為比喻。

耶穌講這個比喻，是要說明我們應該怎樣愛和關懷別人，無論他們是誰。

有一個猶太人從耶路撒冷前往耶利哥，途中遇到了強盜並被打傷。他躺在路邊，這時有一個祭司經過那裏，卻沒有停下來幫忙。不久，又有一個利未人路過，也照樣沒有停下來。

那受傷的人以為他會死了，但後來他聽見有人正向這邊走過來。

是一個騎着驢子的撒馬利亞人。

「怎麼我的運氣這樣差！」那受傷的人心裏想，因為撒馬利亞人和猶太人從來不來往。

那撒馬利亞人是個好人。

他想幫助這個受傷的猶太人。

他把油倒在他的傷處，用酒精為他清洗傷口，又把他的傷口包裹好。

你能在圖中找到三個一組的東西嗎？

然後，他扶起這個無助的人騎上自己的驢子，把他帶到旅店去，並且付了房租，還請人來照顧他。

這個好心的撒馬利亞人表現得很仁慈，而且做得很對。

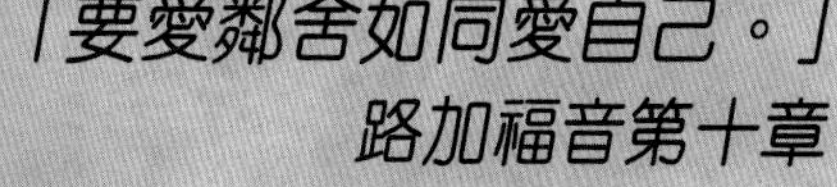

「要愛鄰舍如同愛自己。」
路加福音第十章

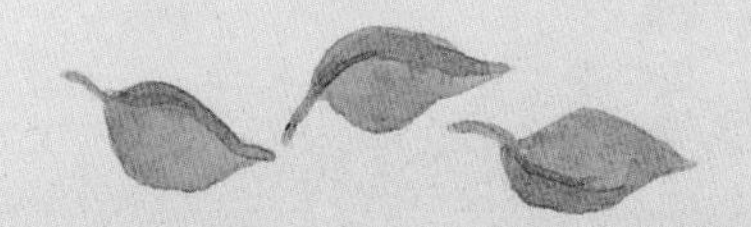

浪子的比喻

耶穌講這個比喻，是要說明就算人做了壞事，他們可以表示願意悔改，從而得到寬恕。

從前有一個富有的農夫，他非常愛自己的兒子。但他的兒子在農場裏生活得不開心。他想到外面的世界去見識一下。

「父親，請把我應得的家業兌換成錢給我。」他說。他父親就這樣做了。

那兒子變得非常富有，他過着很開心的日子，但很快，他就把所有的錢全部花光了。

他來到一個陌生的地方，身上又沒有錢。他唯一能找到的工作是打掃豬圈。

他感到又餓，又髒，又孤單。

過了沒多久，那兒子醒悟過來。

「我不如去為我父親工作，」他心裏想，「他對待他的僕人比這裏的好。」於是，他起程回家去了。

他的父親遠遠看見兒子，就跑過去迎接他。

「很對不起，爸爸，我不配被稱為你的兒子。」

父親卻張開手臂擁抱他，而且不斷地親他。

「我要舉辦一個大派對慶祝一番，」他說，「因為你是我失而復得的兒子。」

「因為我這個兒子是死而
復活，失而又得的。」
路加福音第十五章

撒該

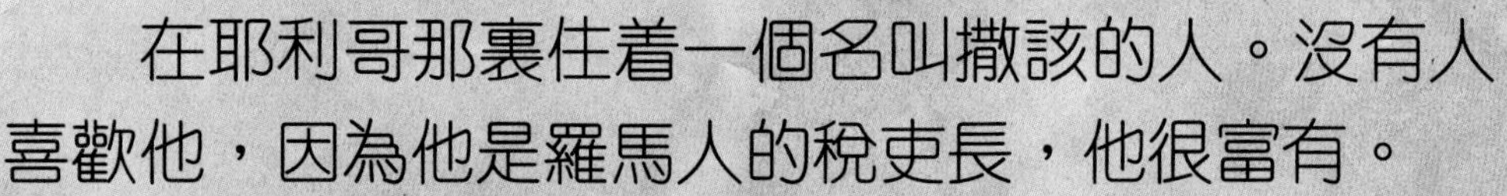

在耶利哥那裏住着一個名叫撒該的人。沒有人喜歡他，因為他是羅馬人的稅吏長，他很富有。

撒該聽說耶穌來到城裏，想去見他。但因為他長得矮小，人又多，就看不見。於是他爬上一棵桑樹，想看清楚一點。

耶穌看到他時，說：「從樹上下來，撒該，今天晚上我要住在你的家裏。」

眾人抱怨道：「耶穌為什麼要與那盜賊在一起呢？」

但從那時開始，撒該就變成了另一個人。他對每個人都很好，而且把他財富的一半分給了窮人。

「因為耶穌來是要尋找並拯救失喪的人。」

路加福音第十九章

耶穌騎着驢進耶路撒冷

耶穌和他的門徒要去耶路撒冷慶祝一個猶太人的節日。耶穌騎着驢進城。有一大羣人出來歡迎他。他們一邊歡呼，一邊把斗篷和棕櫚樹枝鋪在路上。這是他們迎接國王的方式。

「耶穌是猶太人的王！」他們大喊道。

「當耶穌進入耶路撒冷時，全城都震動起來。」
馬太福音第二十一章

最後的晚餐

在逾越節的晚上，耶穌和他的門徒坐下來分享一頓特別的晚餐。

耶穌說：「這是我們一起吃的最後一頓飯。」

門徒感到很難過。

你能在上圖中找到右邊的這些東西嗎？

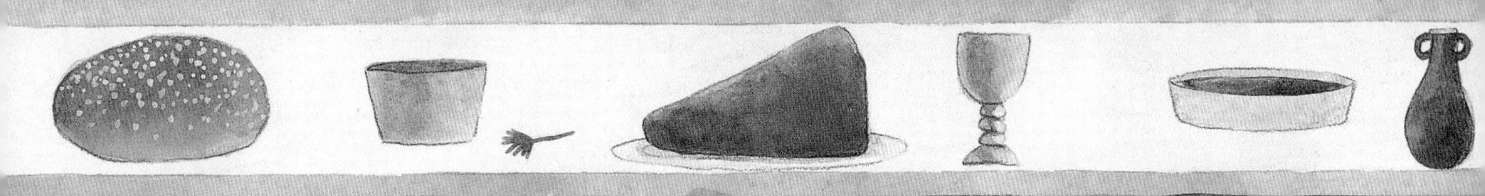

他們吃了餅，喝了酒。

耶穌告訴他們，從那時起，他們要藉着分享餅和酒紀念他。

「到了晚上，耶穌和他的十二個門徒一同坐下來吃晚餐。」

馬太福音第二十六章

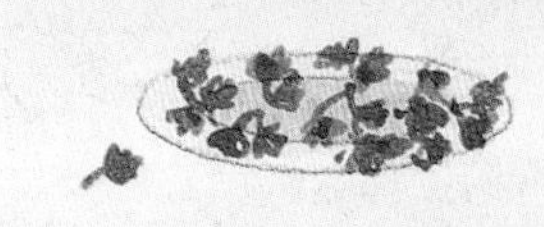

耶穌的復活

猶太人的領袖妒忌耶穌。

「他怎麼竟敢稱自己是猶太人的王呢？」他們說，「那是犯了罪啊！」

他們要求羅馬統治者把耶穌殺死。

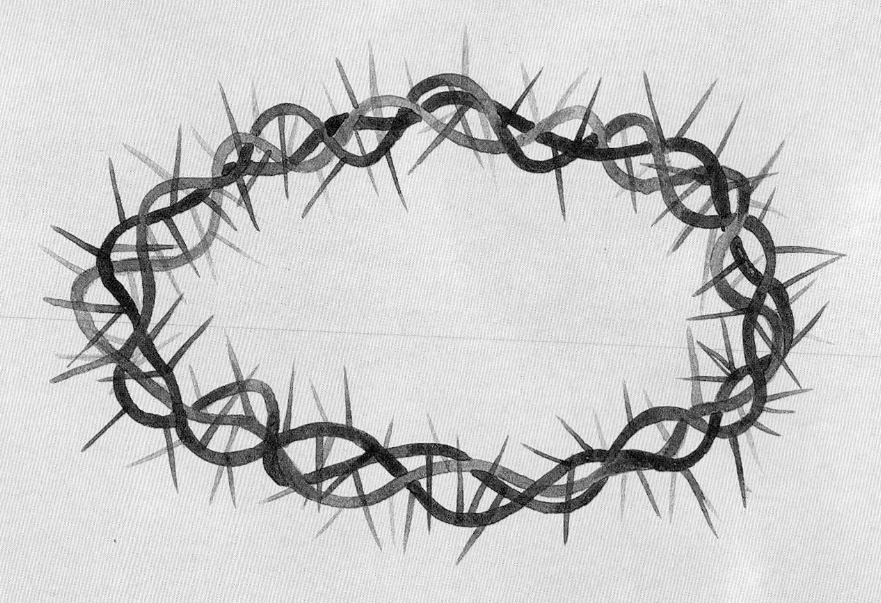

羅馬人把一個用荊棘做的冠冕戴在耶穌的頭上，並把他釘在兩個強盜中間的十字架上。耶穌的母親和門徒看着他，哭了。

耶穌求天父赦免那些猶太人和羅馬人。然後他死了。日頭忽然變黑，地也震動起來。

一個羅馬士兵看見這場景，便說：「他真是神的兒子！」

耶穌的朋友把他的身體安放在一個涼爽、漆黑的山洞裏，並用一塊巨石把入口封住了。

第二天早上，馬利亞——耶穌的一位朋友——來到山洞，卻發現那塊巨石已經滾開了，山洞裏空空如也。馬利亞急得哭了起來。

洞口附近站着一個男人。

馬利亞以為他是園丁。「耶穌在哪裏？」她問。

當那個男人對她說話時，馬利亞認出他就是耶穌！

「去告訴我的門徒我仍然活着。」耶穌說。

於是馬利亞跑去告訴門徒。

疑惑的多馬

那天晚上，門徒聚在一個房子裏。他們把門戶都關上，因為害怕猶太人的領袖會來。

突然，耶穌出現了。

門徒看見耶穌，高興極了！耶穌告訴他的門徒，希望他們能繼續履行他的工作。

但是一個名叫多馬的門徒當時不在場。當其他門徒告訴他所發生的事情時，他不相信。「除非我親眼看見他，我決不相信。」多馬說。

過了一個星期，門徒又聚在一個上了鎖的房間裏。這時，耶穌又出現了。

「不要疑惑，只要信！」耶穌告訴多馬。

接着他又說：「那些沒有看見我就相信我的人，是有福的。」

「你因為看見了我才信，那些沒有看見就信的人，是有福的。」

約翰福音第二十章

主禱文

我們在天上的父，

願人都尊你的名為聖。

願你的國降臨；

願你的旨意行在地上，如同行在天上。

我們日用的飲食，今日賜給我們。

免我們的債，如同我們免了人的債。

不叫我們遇見試探；救我們脫離兇惡。

因為國度、權柄、榮耀，全是你的，直到永遠。

阿們！